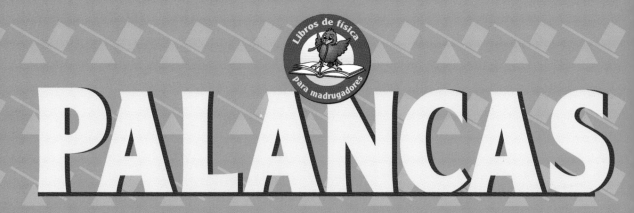

PALANCAS

por *Sally M. Walker* y *Roseann Feldmann*
fotografías de Andy King

ediciones Lerner • Minneapolis

Para mi esposo, Ron, a quien amaré siempre —RF

La editorial agradece al programa Minneapolis Kids por su ayuda en la preparación de este libro.

Fotografías adicionales reproducidas con la autorización de: © Leonard Lessin / Peter Arnold, Inc., pág. 16; © Caroline Penn / Corbis, pág. 31.

Traducción al español: copyright © 2006 por ediciones Lerner
Título original: *Levers*
Texto: copyright © 2002 por Sally M. Walker y Roseann Feldmann
Fotografías: copyright © 2002 por Andy King

La edición en español fue realizada por un equipo de traductores nativos de español de translations.com, empresa mundial dedicada a la traducción.

ediciones Lerner
Una división de Lerner Publishing Group
241 First Avenue North
Minneapolis, MN 55401 EUA

Dirección de Internet: www.lernerbooks.com

Library of Congress Cataloging-in-Publication Data

Walker, Sally M.
    [Levers. Spanish]
    Palancas / por Sally M. Walker y Roseann Feldmann, fotografías de Andy King.
       p. cm. – (Libros de física para madrugadores)
    Includes index.
    ISBN-13: 978–0–8225–2972–9 (lib. bdg. : alk. paper)
    ISBN-10: 0–8225–2972–6 (lib. bdg. : alk. paper)
    1. Levers—Juvenile literature. I. Feldmann, Roseann. II. King, Andy. III. Title.
TJ147.W3618 2006
621.8–dc22   2005007899

Fabricado en los Estados Unidos de América
1 2 3 4 5 6 – JR – 11 10 09 08 07 06

CONTENIDO

DETECTIVE DE PALABRAS

¿Puedes encontrar estas palabras mientras lees sobre el trabajo? Conviértete en detective y trata de averiguar qué significan. Si necesitas ayuda, puedes consultar el glosario de la página 46.

carga
fuerza
máquinas complejas
máquinas simples
palanca

palanca de primera clase
palanca de segunda clase
palanca de tercera clase
punto de apoyo
trabajo

Cuando escribes, estás haciendo un trabajo. ¿Qué significa la palabra "trabajo" para los científicos?

Capítulo 1

TRABAJO

Trabajas todos los días. Haces tareas en casa. En la escuela, escribes. ¡Tal vez te sorprenda saber que jugar y comer también son trabajo!

Cuando los científicos usan la palabra "trabajo", no se refieren a lo opuesto de "juego". El trabajo es aplicar una fuerza para mover un objeto de un lugar a otro. Una fuerza es tirar o empujar. Aplicas una fuerza para sacar la basura y también para dar vuelta a la página de un libro.

Esta niña usa un bate para mover una piedra. Aplica una fuerza para moverla, así que está haciendo un trabajo.

Cada vez que aplicas una fuerza, ésta tiene dirección. La fuerza se puede mover en cualquier dirección. Cuando empujas una puerta para abrirla, la fuerza se dirige lejos de ti.

La dirección de una fuerza puede ser lejos de ti.

Al teclear, diriges la fuerza hacia abajo.

Para abrir algunos tipos de ventanas, ejerces una fuerza ascendente. Cuando tecleas en la computadora, aplicas una fuerza descendente.

Cada vez que tu fuerza mueve un objeto, haces un trabajo. No importa cuán lejos se haya movido el objeto. Si se mueve, se ha hecho un trabajo. Lanzar una pelota es trabajo. Tu fuerza la mueve de un lugar a otro.

Haces trabajo cuando mueves arena de un lugar a otro.

Estos niños empujan con fuerza, pero no han hecho ningún trabajo.

Empujar el edificio de la escuela no es un trabajo. No es trabajo así transpires. No es trabajo aun si empujaste hasta que te dolieron los brazos. No importa cuán duro empujaste, no has hecho ningún trabajo. El edificio no se movió. Si el edificio se mueve, ¡entonces sí es trabajo!

Una aspiradora es una máquina que tiene muchas partes móviles. ¿Qué tipo de máquina es?

Capítulo 2

MÁQUINAS

La mayoría de las personas quieren que el trabajo se realice fácil. Las máquinas son herramientas que facilitan el trabajo.

Algunas máquinas tienen muchas partes móviles y se conocen como máquinas complejas. Los automóviles y las aspiradoras son máquinas complejas.

Un interruptor es una máquina simple.

Algunas máquinas tienen pocas partes móviles y se conocen como máquinas simples. Hay máquinas simples en todas las casas, escuelas y patios de juegos. Son tan simples que tal vez no te des cuenta de que son máquinas.

Levantar a una amiga es difícil.

Las máquinas simples facilitan el trabajo de muchas maneras. Una es cambiando la dirección de la fuerza. Cuando usas los brazos para levantar a un amigo, usas una fuerza ascendente. Sin embargo, puedes levantarlo más fácilmente si usas una fuerza descendente. ¿Cómo? Si se sienta en un subibaja, el extremo donde se siente bajará. Cuando te sientes en el otro extremo, tu amigo subirá. Tu fuerza es descendente, pero tu amigo sube.

La niña se sienta en un extremo del subibaja.
El otro extremo sube y levanta a su amigo.

Un abrebotellas es una máquina simple llamada palanca. ¿Cómo ayudan las palancas a las personas?

Capítulo 3

PARTES DE UNA PALANCA

Puedes usar un subibaja para levantar a un niño. El subibaja es una máquina simple. Este tipo de máquina simple se llama palanca. Una palanca es una barra difícil de doblar. Las palancas sirven para mover cosas más fácilmente.

Una palanca debe apoyarse en otro objeto. El objeto en que se apoya se llama punto de apoyo.

Tú puedes hacer una palanca. Necesitarás una regla de madera de 12 pulgadas, un crayón, una lata pequeña de conservas y algunas cintas elásticas.

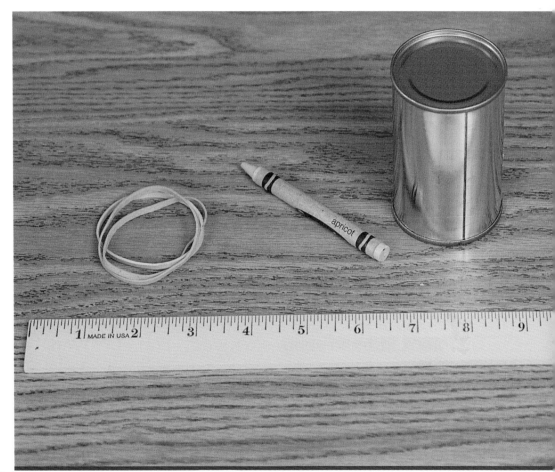

Puedes usar estos objetos para construir tu propia palanca.

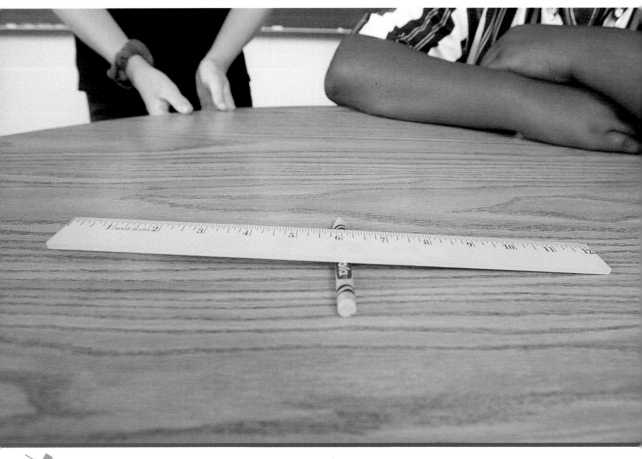

¿Qué parte de la palanca es el crayón?

Coloca la regla sobre el crayón. Pon el crayón bajo la marca de 6 pulgadas. Un extremo de la regla probablemente toque la mesa. La regla es la palanca. Está apoyada sobre el crayón. Por lo tanto, el crayón es el punto de apoyo de la regla.

La regla y el crayón trabajan juntos. Empuja hacia abajo el extremo elevado de la regla. ¿Qué sucede? La fuerza descendente hace que el otro extremo suba.

Cuando empujas un extremo de la palanca hacia abajo, el otro extremo sube.

Coloca un dedo en cada extremo de la regla. Empuja un extremo hacia abajo. Luego empuja el otro. Observa el crayón. ¿Qué sucede? El crayón permanece en el mismo lugar mientras la regla se mueve a su alrededor.

El crayón es el punto de apoyo de la palanca. La palanca se mueve, pero el punto de apoyo permanece fijo.

Ahora coloca la lata sobre la regla. El centro de la lata debe quedar sobre la marca de 11 pulgadas de la regla. Usa las cintas elásticas para sujetar la lata a la regla. La lata es la carga de la palanca. La carga es el objeto que quieres mover.

La lata es la carga de la palanca.

Una palanca te ayuda a levantar una carga.

Coloca el crayón bajo la marca de 6 pulgadas de la regla. Empuja el extremo elevado de la regla hacia abajo. Tu fuerza hace que la palanca se mueva alrededor del punto de apoyo. Es fácil levantar la carga. No tienes que usar mucha fuerza.

Piensa en la palanca. El dedo ejerce una fuerza sobre uno de los extremos. La lata es la carga en el otro extremo de la palanca. El crayón es el punto de apoyo entre la carga y la fuerza.

Una palanca no puede mantener levantada la carga si no hay una fuerza. Si dejas de empujar la regla hacia abajo, la lata cae.

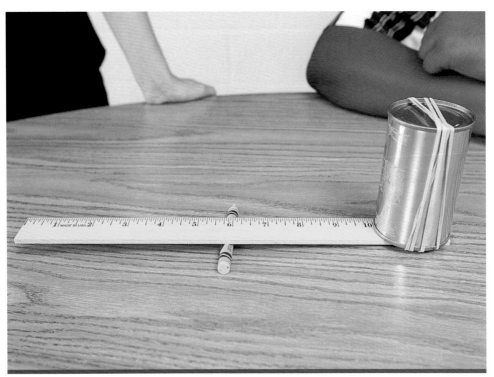

Una palanca no puede mantener levantada una carga si no hay una fuerza.

El crayón ahora se encuentra en otro lugar. Al mover el crayón, ¿cambiará la cantidad de trabajo?

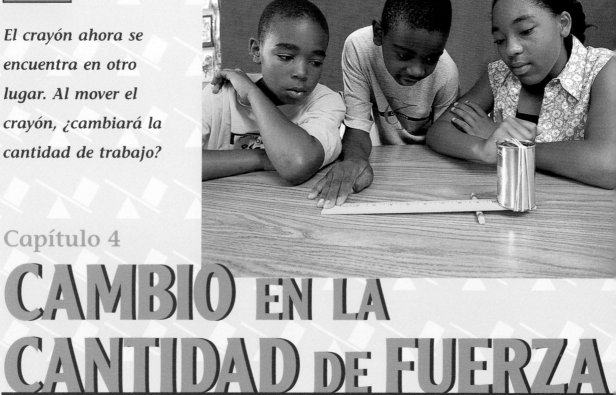

Capítulo 4

CAMBIO EN LA CANTIDAD DE FUERZA

Puedes cambiar la cantidad de fuerza que necesitas para levantar la lata. Para cambiar la fuerza, debes modificar un poco la palanca.

Coloca el crayón bajo la marca de 9 pulgadas. Ahora la palanca se ve distinta. El punto de apoyo está lejos de la fuerza. Empuja hacia abajo el extremo elevado.

Es fácil levantar la carga. Necesitas muy poca fuerza. Al alejar el punto de apoyo de la fuerza, el trabajo es más fácil.

Ahora, coloca el crayón bajo la marca de 3 pulgadas de la regla. El punto de apoyo está cerca de la fuerza. Empuja hacia abajo el extremo elevado de la palanca. Necesitas mucha fuerza para mover la carga. Al acercar el punto de apoyo a la fuerza, el trabajo es más difícil.

Cuando el punto de apoyo está cerca de la fuerza, el trabajo es más difícil.

Al mover el punto de apoyo, ¿cambia la altura a la que se eleva la carga? Coloca el crayón bajo la marca de 9 pulgadas de la regla. Observa la altura del extremo de la regla respecto a la mesa.

El punto de apoyo está nuevamente cerca de la carga.

La carga se eleva sólo un poco.

Empuja la palanca hacia abajo para subir la carga. Cuando la lata suba, trata de deslizar un dedo bajo el extremo elevado de la regla. Es probable que apenas quepa. Fue fácil empujar una larga distancia hacia abajo, pero la lata se eleva sólo un poco.

Esta vez, el punto de apoyo está lejos de la carga.

Coloca el crayón otra vez bajo la marca de 3 pulgadas. Ahora, el extremo que empujarás hacia abajo está mucho más cerca de la mesa. ¿Qué sucede con la carga cuando vuelves a empujar hacia abajo?

La carga sube más cuando el punto de apoyo
está lejos, pero es difícil elevar la carga.

La lata sube más esta vez. Puedes poner dos dedos bajo el extremo de la regla. Tuviste que empujar menos distancia hacia abajo, pero fue mucho más difícil. Sin embargo, la lata se elevó mucho más.

Empuja el extremo de la regla hacia abajo, hasta la mitad. Ningún extremo debe tocar la mesa. Ahora, mueve la regla hacia delante y hacia atrás sobre el crayón. Observa cómo cambia la fuerza mientras lo haces. La fuerza cambia a medida que el dedo se acerca o se aleja del punto de apoyo.

Cuando el dedo se acerca al punto de apoyo, necesitas más fuerza. Cuando el dedo se aleja del punto de apoyo, necesitas menos fuerza.

Esta niña está usa una bomba de agua. La manija es una palanca.

Cuando uses una palanca, pregúntate dos cosas. ¿Deseas usar poca fuerza y mover la carga poco? ¿O prefiere usar mucha fuerza y mover la carga mucho? La respuesta te ayudará a decidir dónde poner el punto de apoyo. Si el punto de apoyo está lejos de la fuerza, la carga se mueve poco. Por lo tanto, necesitas poca fuerza. Si el punto de apoyo está cerca de la fuerza, la carga se mueve mucho, pero debes usar mucha fuerza.

Esta niña intenta abrir una lata de pintura. Está haciendo palanca con un destornillador. ¿Cuántos tipos de palancas hay?

Capítulo 5

TIPOS DE PALANCAS

Hay tres tipos de palancas. La palanca que hiciste con la regla es uno de ellos. Se llama palanca de primera clase. En una palanca de primera clase, el punto de apoyo está entre la carga y la fuerza. Un martillo es una palanca de primera clase cuando se usa para sacar un clavo. El clavo es la carga. La persona que mueve el martillo aplica la fuerza. Por último, el punto de apoyo es el lugar donde la cabeza del martillo se apoya en la tabla. El punto de apoyo está entre la carga y la fuerza.

Puedes usar un martillo para sacar un clavo. Cuando lo haces, el martillo es una palanca de primera clase.

33

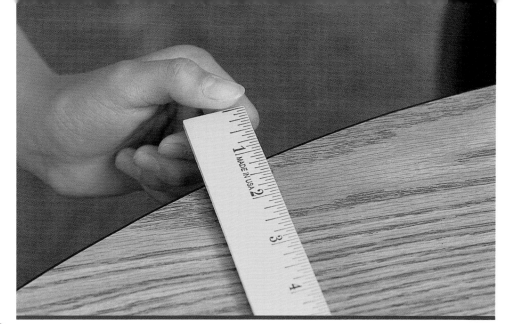

Puedes convertir la regla en una palanca de segunda clase. El extremo debe quedar fuera de la mesa.

El segundo tipo de palanca se llama palanca de segunda clase. En una palanca de segunda clase, la carga está entre el punto de apoyo y la fuerza.

Puedes convertir la regla en una palanca de segunda clase. Asegúrate de que la lata esté todavía sujeta a la regla en la marca de 11 pulgadas. Pon la regla sobre la mesa. Coloca la marca de 1 pulgada en el borde de la mesa. La mayor parte de la regla estará sobre la mesa, pero 1 pulgada quedará fuera de ella.

Levanta el extremo de la regla varias pulgadas. Observa la palanca. ¿Dónde está el punto de apoyo? La palanca está apoyada en la mesa. Por lo tanto, la mesa es el punto de apoyo. La carga está entre el punto de apoyo y la fuerza.

En una palanca de segunda clase, la carga está entre el punto de apoyo y la fuerza.

Mueve la lata hasta que el centro quede sobre la marca de 6 pulgadas. Levanta el extremo a la misma altura que antes. Luego mueve la lata a la marca de 3 pulgadas e inténtalo de nuevo. ¿Necesitas más fuerza cuando la carga está más cerca de la mano?

▲ *Es más difícil levantar una carga cuando está cerca de la fuerza.*

Observa a qué altura se eleva la lata cada vez. Cuando la carga está lejos de la fuerza, la carga se mueve poco pero es fácil levantarla. Cuando la carga está cerca de la fuerza, la carga se mueve mucho pero necesitas mucha fuerza para levantarla.

La carga se mueve mucho cuando está cerca de la fuerza.

La carretilla es una palanca de segunda clase. La rueda es el punto de apoyo. La fuerza está en los mangos. La carga está dentro de la carretilla. La carga está entre el punto de apoyo y la fuerza. Cuando la carga está cerca del frente de la carretilla, es fácil de levantar. Cuando está cerca de los mangos, es más difícil levantarla.

La carretilla es una palanca de segunda clase.

El tercer tipo de palanca se llama palanca de tercera clase. Una palanca de tercera clase tiene la fuerza entre el punto de apoyo y la carga.

La escoba es una palanca de tercera clase. La escoba se sujeta en dos lugares. El brazo de abajo aplica la fuerza. El brazo de arriba es el punto de apoyo. La suciedad es la carga.

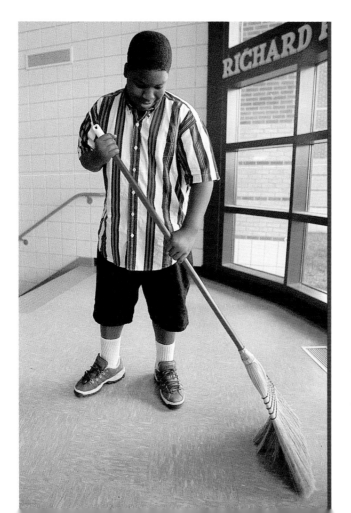

La escoba es una palanca de tercera clase.

39

Cuando pateas una pelota, tu pierna es una palanca de tercera clase. ¿Puedes decir dónde están el punto de apoyo, la carga y la fuerza?

Una palanca de tercera clase sirve para mover objetos una gran distancia. Una buena barrida hace que la escoba se mueva mucho. Puedes estirarte y mover mucha suciedad fácilmente.

TIPOS DE PALANCAS

PALANCA DE PRIMERA CLASE: el punto de apoyo está entre la carga y la fuerza.

carga

fuerza

punto de apoyo

PALANCA DE SEGUNDA CLASE: la carga está entre el punto de apoyo y la fuerza.

carga

fuerza

punto de apoyo

PALANCA DE TERCERA CLASE: la fuerza está entre la carga y el punto de apoyo.

carga

fuerza

punto de apoyo

Las palancas facilitan el trabajo. Algunas aumentan la fuerza. Otras cambian la dirección de la fuerza. Otras más sirven para mover objetos una gran distancia.

Las tijeras de podar son dos palancas unidas por un perno. La carga está lejos de la fuerza. Por lo tanto, las tijeras de podar facilitan el trabajo del podador.

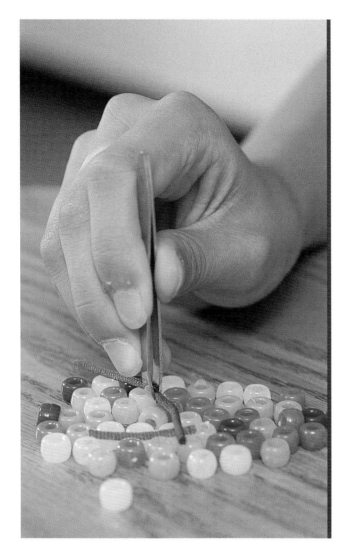

Las pinzas sirven para mover cargas pequeñas con facilidad. Una pinza está formada por dos palancas unidas. La fuerza está entre el punto de apoyo y la carga. ¿Qué clase de palanca es?

Las palancas te dan una ventaja. Una ventaja es una mejor oportunidad de realizar tu trabajo. Usar una palanca es como tener un ayudante. El trabajo es más fácil. ¡Ésa es una gran ventaja!

SOBRE COMPARTIR UN LIBRO

Al compartir un libro con un niño, le demuestra que leer es importante. Para aprovechar al máximo la experiencia, lean en un lugar cómodo y silencioso. Apaguen el televisor y eviten otras distracciones, como el teléfono. Estén preparados para comenzar lentamente. Túrnense para leer distintas partes del libro. Deténganse de vez en cuando para hablar de lo que están leyendo. Hablen sobre las fotografías. Si el niño comienza a perder interés, dejen de leer. Cuando retomen el libro, repasen las partes que ya han leído.

Detective de palabras

La lista de palabras de la página 5 contiene palabras que son importantes para entender el tema de este libro. Conviértanse en detectives de palabras y búsquenlas mientras leen juntos el libro. Hablen sobre el significado de las palabras y cómo se usan en la oración. ¿Alguna de estas palabras tiene más de un significado? Las palabras están definidas en un glosario en la página 46.

¿Qué tal unas preguntas?

Use preguntas para asegurarse de que el niño entienda la información del libro. He aquí algunas sugerencias:

> ¿Qué nos dice este párrafo? ¿Qué muestra la imagen? ¿Qué crees que aprenderemos ahora? ¿Qué es una fuerza? ¿Puede la fuerza moverse en cualquier dirección? ¿En qué se diferencian las máquinas simples de las complejas? ¿Cómo ayudan las palancas a las personas? ¿Cómo se llama el objeto en que se apoya una palanca? ¿Cuántos tipos de palancas hay? ¿Cuál es tu parte favorita del libro? ¿Por qué?

Si el niño tiene preguntas, no dude en responder con otras preguntas, tales como: ¿Qué crees? ¿Por qué? ¿Qué es lo que no sabes? Si el niño no recuerda algunos hechos, consulten el índice.

Presentación del índice

El índice ayuda a los lectores a encontrar información sin tener que revisar todo el libro. Consulte el índice de la página 47. Elija una entrada, por ejemplo *carga,* y pídale al niño que use el índice para averiguar qué es una carga. Repita este proceso con todas las entradas que desee. Pídale al niño que señale las diferencias entre un índice y un glosario. (El índice ayuda a los lectores a encontrar información, mientras que el glosario explica el significado de las palabras.)

44

APRENDE MÁS SOBRE
MÁQUINAS SIMPLES

Libros
Baker, Wendy y Andrew Haslam. *Machines.* **Nueva York: Two-Can Publishing Ltd., 1993.** Este libro ofrece muchas actividades educativas y divertidas para explorar las máquinas simples.

Burnie, David. *Machines: How They Work.* **Nueva York: Dorling Kindersley, 1994.** Comenzando por descripciones de máquinas simples, Burnie explora las máquinas complejas y cómo funcionan.

Hodge, Deborah. *Simple Machines.* **Toronto: Kids Can Press Ltd., 1998.** Esta colección de experimentos muestra a los lectores cómo construir sus propias máquinas simples con artículos domésticos.

Van Cleave, Janice. *Janice Van Cleave's Machines: Mind-boggling Experiments You Can Turn into Science Fair Projects.* **Nueva York: John Wiley & Sons, Inc., 1993.** Van Cleave anima a los lectores a usar experimentos para explorar cómo las máquinas simples facilitan el trabajo.

Ward, Alan. *Machines at Work.* **Nueva York: Franklin Watts, 1993.** Este libro describe las máquinas simples y presenta el concepto de máquinas complejas. Contiene muchos experimentos útiles.

Sitios Web
Brainpop—Simple Machines
http://www.brainpop.com/tech/simplemachines/ Este sitio tiene páginas con imágenes llamativas sobre palancas y planos inclinados. Cada página presenta una película, caricaturas, un cuestionario, historia y actividades.

Simple Machines
http://sln.fi.edu/qa97/spotlight3/spotlight3.html Este sitio presenta información breve sobre las seis máquinas simples, provee vínculos útiles relacionados con cada una de ellas e incluye experimentos para algunas.

Simple Machines—Basic Quiz
http://www.quia.com/tq/101964.html Este desafiante cuestionario interactivo permite a los nuevos físicos probar sus conocimientos sobre el trabajo y las máquinas simples.

GLOSARIO

carga: objeto que deseas mover

fuerza: tirar o empujar

máquinas complejas: máquinas que tienen muchas partes móviles

máquinas simples: máquinas que tienen pocas partes móviles

palanca: barra rígida que se usa para mover otros objetos

palanca de primera clase: palanca que tiene el punto de apoyo entre la carga y la fuerza

palanca de segunda clase: palanca que tiene la carga entre el punto de apoyo y la fuerza

palanca de tercera clase: palanca que tiene la fuerza entre el punto de apoyo y la carga

punto de apoyo: objeto sobre el que se apoya una palanca

trabajo: mover un objeto de un lugar a otro

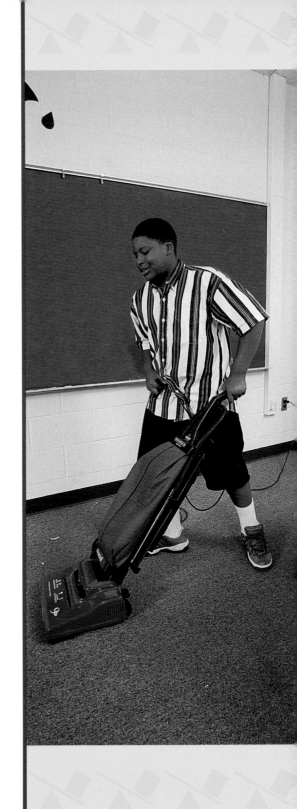

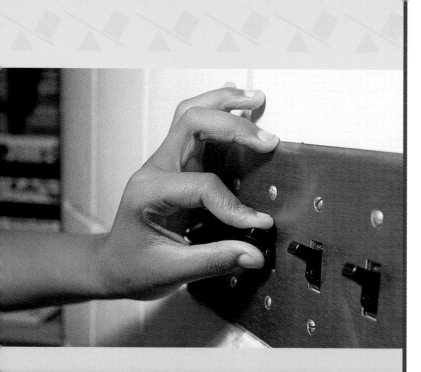

ÍNDICE

Las páginas indicadas en **negritas** hacen referencia a fotografías.

Acerca de los autores

Sally M. Walker es autora de muchos libros para lectores jóvenes. Cuando no está investigando o escribiendo libros, la Sra. Walker trabaja como asesora de literatura infantil. Ha enseñado literatura infantil en la Universidad del Norte de Illinois y ha hecho presentaciones en muchas conferencias sobre lectura. Sally vive en Illinois con su esposo y sus dos hijos.

Roseann Feldmann obtuvo una licenciatura en biología, química y educación en la Universidad de St. Francis y una maestría en educación en la Universidad del Norte de Illinois. En el área de la educación, ha sido maestra, instructora universitaria, autora de planes de estudio y administradora. Actualmente vive en Illinois, con su esposo y sus dos hijos, en una casa rodeada por seis acres llenos de árboles.

Acerca del fotógrafo

Andy King, fotógrafo independiente, vive en St. Paul, Minnesota, con su esposa y su hija. Andy se ha desempeñado como fotógrafo editorial y ha completado varias obras para Lerner Publishing Group. También ha realizado fotografía comercial. En su tiempo libre, juega al básquetbol, pasea en su bicicleta de montaña y toma fotografías de su hija.

CONVERSIONES MÉTRICAS

CUANDO ENCUENTRES:	MULTIPLICA POR:	PARA CALCULAR:
millas	1.609	kilómetros
pies	0.3048	metros
pulgadas	2.54	centímetros
galones	3.787	litros
toneladas	0.907	toneladas métricas
libras	0.454	kilogramos